Sascha Woditsch

Die chemische Verwitterung

GRIN Verlag

Bibliografische Information der Deutschen Nationalbibliothek:

Die Deutsche Bibliothek verzeichnet diese Publikation in der Deutschen National-
bibliografie; detaillierte bibliografische Daten sind im Internet über http://dnb.d-
nb.de/ abrufbar.

Impressum:

Copyright © 2005 GRIN Verlag GmbH
Druck und Bindung: Books on Demand GmbH, Norderstedt Germany
ISBN: 978-3-656-20801-3

Dieses Buch bei GRIN:

http://www.grin.com/de/e-book/50289/die-chemische-verwitterung

GRIN - Your knowledge has value

Der GRIN Verlag publiziert seit 1998 wissenschaftliche Arbeiten von Studenten, Hochschullehrern und anderen Akademikern als eBook und gedrucktes Buch. Die Verlagswebsite www.grin.com ist die ideale Plattform zur Veröffentlichung von Hausarbeiten, Abschlussarbeiten, wissenschaftlichen Aufsätzen, Dissertationen und Fachbüchern.

Besuchen Sie uns im Internet:

http://www.grin.com/

http://www.facebook.com/grincom

http://www.twitter.com/grin_com

Die chemische Verwitterung

Abb. 1; Devils Marbels in Australien

PS Physische Geographie

Lehrstuhl für Physische Geographie
Verfasst von: Sascha Woditsch

Katholische Universität Eichstätt-Ingolstadt
SS 2005

Inhaltsverzeichnis

1 Einleitung

Wasser ist der Ursprung der Welt

(Thales von Milet, 624 v.Chr. - 545 v.Chr.)

Wie Thales von Milet schon erkannte, ist Wasser für sehr viele chemische Reaktionen und Prozesse notwendig, ohne die ein Leben wie wir es kennen, nicht möglich wäre. Es ist zum einen direkt entscheidend für das Leben auf der Erde aber auch indirekt. Nur mit Hilfe des Wassers kann es zur Gestaltung unserer Erdoberfläche kommen. Wasser spielt *die* entscheidende Rolle bei der Formung der Erdoberfläche, sprich bei der Verwitterung. Unter Verwitterung versteht man alle Prozesse, die eine direkte oder indirekte Veränderung von *„anorganischen und von manchen toten organisch entstanden Substanzen (z.b. Muschelschalen oder Steinkohle)"* (Ahnert 1996, S. 88) durch Wettereinwirkungen hervorruft. Dies kann zum Beispiel durch Temperaturschwankungen, Eisbildung, Feuchtigkeit und chemische Einwirkungen durch Stoffe, die im Wasser gelöst sind, erfolgen. Man unterscheidet zwischen physikalischer und chemischer Verwitterung. Die physikalische Verwitterung verändert den Zustand des Gesteins, d.h. sie verändert die Körngröße, die Oberflächenbeschaffenheit, den inneren Zusammenhalt u.s.w. Die chemische Verwitterung hingegen verändert die stoffliche Zusammensetzung eines Gesteinmaterials. Sie bewirkt also eine Stoffänderung und führt somit zur Bildung neuer Verbindungen, wobei ein Teil des zersetzten Materials oft weggeschwemmt wird. Physikalische und chemische Verwitterung arbeiten in der Natur häufig nebeneinander und ergänzen bzw. verstärken sich gegenseitig. Neben der gerade erwähnten Bedeutung von Verwitterung als Einwirkung atmosphärischer Prozesse, hat der Begriff Verwitterung aus geomorphologischer Sicht noch zwei weitere Bedeutungen (vgl. Ahnert 1996 S.88/89). Erstens: Verwitterung als Anpassung der Gesteine an die Umweltbedingungen an die Erdoberfläche. Darunter versteht man die Veränderung des Gesteins aufgrund der Unterschiede der Umweltbedingungen zwischen Entstehungsort des Gesteins, meist im Erdinneren (z.B. konstante hohe Temperatur, konstanter hoher Druck...) und der Landoberfläche. Zweitens: Verwitterung als die Aufbereitung des Gesteins für die Abtragung. Denn selten erfolgt der „Abtransport" bei im festen Verband befindlichem

Gestein (z.B. bei Bergstürzen), meistens findet er bei bereits von der Verwitterung erzeugtem Lockermaterial - dem so genannten Regolith - statt.

Im Folgenden will ich den Prozess der chemischen Verwitterung untersuchen, wobei ich zuerst die Beeinflussenden Faktoren der chemischen Verwitterung, dann die verschiedenen Chemischen Verwitterungsreaktionen und zum Schluss die Folgen der Chemischen Verwitterung untersuche.

2 Einflussfaktoren auf Chemische Verwitterung

Unter Chemischer Verwitterung versteht man - wie oben schon erwähnt - die Stoffänderung des Gesteinmaterials. Es kommt zu einer Zersetzung (Korrosion) des Materials und damit zur Bildung neuer Verbindungen, die zum Teil abtransportiert werden. Die entscheidende Rolle bei der chemischen Verwitterung spielt das Wasser. Es wirkt in dreifacher Hinsicht bei der chemischen Verwitterung

1. Wasser reagiert selbst chemisch mit Mineralverbindungen
2. Wasser befördert andere Reagenzien wie z.b. Kohlendioxid direkt in die Poren und Spalten und fördert so die Verwitterung
3. Wasser ist Abtransportmittel, es schwemmt die gelösten Produkte der chemischen Verwitterung weg

(vgl. Ahnert 1996, S.94)

Verschieden Faktoren im und neben dem Wasser haben Einfluss auf die Intensität der chemische Verwitterung und darauf, welches Gestein wie stark verwittert. Im Folgenden lege ich diese Faktoren dar.

2.1 Zeit

Die Intensität der chemischen Verwitterung hängt immer von der Dauer der Einwirkung ab, daher ist die Zeit, der ein Gestein der chemischen Verwitterungsprozessen ausgesetzt ist, einer der wichtigsten Faktoren der chemischen Verwitterung. Damit es zu deutlich sichtbaren Veränderungen der Oberflächenformen oder zur Formung von ganzen Landschaften wie z.B. Karstlandschaften durch chemische Verwitterung kommt, sind mehrere 10.000 oder sogar mehrere 100.000 Jahre erforderlich. Die Zeitspanne, wie schnell etwas verwittert, wird maßgeblich von den im Folgenden beschriebenen Faktoren wie Klima, Temperatur,

Feuchtigkeitsgehalt Wasserbewegung, Wasserqualität und Verwitterbarkeit des Materials beeinflusst.

2.2 Klima

Da Wasser im flüssigen Zustand die entscheidende Rolle bei der chemischen Verwitterung spielt, ist das Klima zu einem großen Teil verantwortlich für die Verwitterung. In feuchten Klimaten, mit Temperaturen über dem Gefrierpunkt schreitet die chemische Verwitterung wesentlich schneller voran als in trockenen Klimaten mit häufigen Temperaturen unter dem Gefrierpunkt. Zusammenfassend kann man sagen: Die chemische Verwitterung ist dort besonders intensiv, wo viel Wasser im flüssigen Aggregatzustand auf das Gestein einwirken kann. Dem ist weder so, wenn das Wasser aufgrund von zu großer Hitze verdunstet oder bei geringen Niederschlägen, noch, wenn das Wasser aufgrund zu geringer Temperaturen als Schnee fällt bzw. zu Eis gefriert. Aber die Temperatur beeinflusst auch noch auf anderem Wege die chemische Verwitterung direkt, denn *„die meisten chemischen Reaktionen, einschließlich der chemischen Verwitterung* [laufen] *mit zunehmenden Temperaturen schneller ab"* (Press & Siever, 1995 S. 124)

2.3 Gesteinsbedeckung

Die Mächtigkeit einer Regolithdecke schwächt bzw. verstärkt die klimatischen Einflüsse auf die chemische Verwitterung. Selbst in feuchten Klimaten trocknet freiliegender Fels schnell ab. Die chemische Verwitterung wird hier daher häufig unterbrochen. Eine Regolithdecke auf einem Felsen kann das Wasser speichern, sie verhindert das schnelle Abfließen und Verdunsten des Wassers. So wird der Felsen für einen längeren Zeitraum feucht gehalten, und die chemische Verwitterung kann auch in Trockenzeiten voranschreiten. Die chemische Verwitterung ist am intensivsten, wenn die Regolithdecke die optimale Mächtigkeit erreicht hat, um das Gestein dauernd feucht zu halten. Ist die Regolithdecke dünner, verdunstet das Wasser nach einer gewissen Zeit und die chemische Verwitterung stoppt. Ist die Regolithdecke dicker, so wird ein Grossteil der im Wasser gelösten Stoffe, aufgrund derer die chemische Verwitterung stattfindet (siehe Kapitel 3), bereits für die weitere Verwitterung der Regolithdecke verbraucht und steht nicht mehr für die Verwitterung des darrunterliegenden Gesteins zur Verfügung. In einem feuchten Klima ist die optimale Mächtigkeit der Regolithdecke geringer als in einem Klima mit langen Trockenzeiten.

Auch eine Pflanzendecke kann die chemische Verwitterung beschleunigen. *„Wenn Regenwasser im Boden versickert, kommt zu der mitgeführten Kohlensäure noch zusätzlich Kohlensäure hinzu, die von den Wurzeln der Pflanzen, von zahlreichen Insekten und anderen Tieren im Boden sowie von Bakterien abgegeben wird, die pflanzliche und tierische Rückstände abbauen."* (Press & Siever, 1995 S. 124) Diese zusätzliche Kohlensäure beschleunigt die chemische Verwitterung von bestimmten Mineralien z.b. dem Feldspat (siehe Abschnitt 3.1)

2.4 Wasserbewegung

Die Wasserbewegung ist überwiegend von dem hydraulischen Druckgefälle und von der hydraulischen Leitfähigkeit des durchflossenen Materials abhängig.

„Je mehr und je häufiger frisches perokolierendes Niederschlagswasser das Gestein durchfeuchtet ,um so intensiver ist, unter sonst vergleichbaren Bedingungen, die chemische Verwitterung" (Ahnert, 1996 S. 106). Auch hieran zeigt sich nochmals die Bedeutung des Klimas für die chemische Verwitterung, denn besonders in feuchten Klimaten bewirken die vielen Niederschläge eine intensivere Verwitterung. Die Bewegungsgeschwindigkeit des Wassers ist bei einer permanenten Wassersättigung von Bedeutung. Nur wenn das Wasser erneuert wird, können die Reagenzien, die bei der chemischen Verwitterung verbraucht werden, aufgefrischt und die gelösten Verbindungen abtransportiert werden.

2.5 Wasserqualität

Wasserqualität meint zum einen den Inhalt an Reagenzien im Wasser bzw. den Gehalt an bereits gelösten Verwitterungsprodukten. Regenwasser nimmt das CO_2 in der Luft auf und es entsteht Kohlensäure (HS_2CO_3). Auch im Boden können noch weitere für die chemische Verwitterung wirksame Verbindungen wie z.B. organische Säuren hinzukommen. Je tiefer das Wasser jedoch in den Boden sinkt und je mehr es zu chemischen Verwitterungsprozessen kommt, desto mehr werden auch die Reagenzien im Wasser verbraucht. *„Die weitere Verwitterungswirksamkeit des Wassers nimmt infolgedessen ab"* (Ahnert, 1996 S105). Zum anderen wird die Wasserqualität noch durch den pH-Wert des Wassers bestimmt. Die Lösung vieler Mineralstoffe hängt vom pH-Wert des Wassers ab. *„Der pH-Wert ist der negative dekadische Logarithmus der Wasserstoffionenkonzentration."* (Ahnert, 1996 S. 106). Bei einem pH-Wert von 7 ist Wasser neutral d.h. es hat einen Wasserstoffionenanteil von 0,00001

%. Ist der pH-Wert niedriger, bezeichnet man das Wasser als Sauer; es hat einen höheren Anteil an Wasserstoffionen. Im Gegensatz dazu bezeichnet man Wasser mit einem höheren pH-Wert als 7 basisch; es enthält weniger Wasserstoffionen. Siliziumdioxid ist ab einem pH-Wert > 8 besser löslich, und Aluminiumoxid bei einem pH-Wert > 9 und bei einem pH-Wert < 5 . Eisenhydroxid ist bei einem pH-Wert > 8 und einem pH-Wert < 3 besser löslich. (vgl. Ahnert, 1996 S. 106)

2.6 Verwitterbarkeit des Materials

Verschieden Mineralien sind unterschiedlich anfällig bzw. wiederstandsfähig gegen verschiedene chemische Verwitterungen. So ist z.b. Kalkstein besonders anfällig gegen den Prozess der Carbonatisierung (siehe Abschnitt 3.4), aber praktische immun gegen Oxidation. Im Gegensatz dazu sind eisenhaltige Mineralien anfällig gegen Oxidation. Allgemein sind die mineralischen Verbindungen mit Calcium, Natrium, Magnesium und Kalium leichter löslich als die mit Silizium, Aluminium und des Eisen. Folgende Tabelle stellt die wichtigsten Mineralien in Rangfolge ihrer Wiederstandsfähigkeit gegen die chemische Verwitterung dar.

Tabelle 6.2: Verwitterungsstabilität der häufigsten Mineralien

Stabilität der Mineralien

stabil

Eisenoxide (Hämatit)

Aluminiumhydroxid (Gibbsit)

Quarz

Tonmineralien

Muskovit

Kaliumfeldspat (Orthoklas)

Biotit

natriumreicher Feldspat (Albit)

Amphibol

Pyroxen

calciumreicher Feldspat (Anorthit)

Olivin

Calcit (Kalkspat)

Halit (Steinsalz)

instabil

zunehmende Stabilität

zunehmende Verwitterungsgeschwindigkeit

Abb. 2 Verwitterungsstabilität der häufigsten Gesteine

Die Verwitterbarkeit des Gesteins hängt aber auch von der Größe seine Oberfläche ab. Je größer die der chemischen Verwitterung ausgesetzten Oberfläche, desto schneller geht die chemische Verwitterung voran. Felsen mit einer porösen Oberfläche oder Felsen die in mehrere Brocken zerbrochen sind, haben aufgrund der Oberflächenstruktur eine viel größere Oberfläche und verwittern somit schneller.

3 Die chemischen Verwitterungsreaktion

„Die chemische Verwitterung beruht auf chemischen Reaktionen zwischen den in den Gesteinen vorhandenen Mineralien und der Luft beziehungsweise dem Wasser" (Press & Siever, 1995 S. 118) Einige Mineralien werden dabei vom Wasser gelöst und fortgeschwemmt, andere verbinden sich mit dem Wasser oder Bestandteilen der Atmosphäre und gehen damit neue Verbindung ein, so dass Verwitterung auch zu Mineralneubildung führen kann.

Im Folgenden will ich nun untersuchen, wie die verschiedenen Gesteinsarten chemisch verwittern.

3.1 Die chemische Verwitterung der Feldspäte

Der Feldspat gehört zur Gruppe der Silikatmineralien, genauer zu den Gerüst- bzw. Tektosilikaten. Silikate sind eine Verbindung zwischen Silizium und Sauerstoff und meistens noch einem weiteren Stoff, z.B. Metalle. Silikate machen ca. 90% des Materials der Erdkruste aus. Unter den Silikaten sind die Feldspäte die größte Gruppe; sie machen immerhin noch ca. 50-60% Volumenprozent der Erdkruste aus. Die Verwitterung des Feldspats ist repräsentativ für viele andere

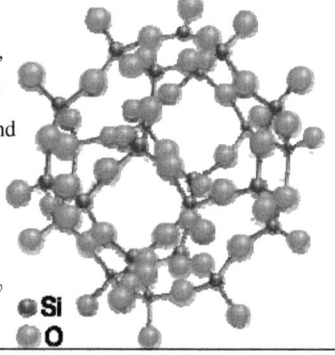

Abb. 3 Struktur eines Gerüstsilikats

gesteinsbildende Silikatmineralien, *daher „trägt die Kenntnis des Verwitterungsverhaltens des Feldspats wesentlich zu unserem Verständnis der Verwitterungsprozesse im allgemeinen bei, zum einen wegen der ungeheuer großen Häufigkeit der Silikatmineralien in der Erde, zum anderen, weil die gleichen chemischen Lösungs- und Umwandlungsprozesse, die die*

Feldspatverwitterung charakterisieren, auch andere Mineralien betreffen." (Press and Siever, 1995 S. 119)

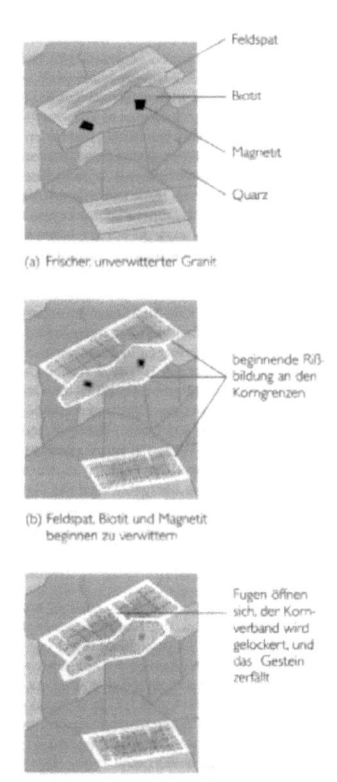

(a) Frischer, unverwitterter Granit

(b) Feldspat, Biotit und Magnetit beginnen zu verwittern

(c) Feldspat, Biotit und Magnetit verwittern rasch

Als Beispiel will ich hier die Verwitterung des Feldspats Orthoklas - ein Bestandteil von Granit neben Quarz und anderen Kristallen - darstellen. Nur bestimmte Teile des Granits verwittern und deshalb brechen die nur schwer verwitterbaren Bestandteile heraus wie z.b. Quarz, weil Hohlräume entstehen. Wie oben schon erwähnt, beschleunigt sich mit der Bildung von Rissen die chemische Verwitterung, da die Größe der Oberflache zunimmt. Da das Regenwasser neben H_2O noch andere Reagenzien enthält, welche die chemische Verwitterung beeinflussen, will ich erst einmal untersuchen, wie die Verwitterung von Orthoklas in destilliertem Wasser abläuft. Der Feldspat löst sich in reinem Wasser nur sehr langsam. Nach einiger Zeit ergibt sich jedoch folgendes Reaktionsschema.

Abb. 4 Verwitterung von Granit

Feldspat + Wasser → Kaolinit   + gelöste Kieselsäure + gelöstes Kalium

$$KAlSi_3O_8 + H_2O \rightarrow Al_2Si_2O_5(OH)_4 + \quad SiO_2 \quad + \quad K^+$$

Folgende Informationen können wir aus der chemischen Reaktion entnehmen.

1. Aufgrund der Wasserstoffionen des Wassers wird aus dem Feldspat die Kieselsäure SiO_2 und Kalium K^+ herausgelöst. Beides - Kieselsäure und Kalium - erscheint in der wässrigen Lösung in gelöster Form.

2. Bei der Reaktion wird das Wasser in die Kristallstruktur des Kaolinits eingebaut. *„Die Aufnahmen von Wasser durch Anlagerung von Wassermolekühlen, die sogenannte Hydration, ist einer der wichtigsten Vorgänge bei der Verwitterung"* (Press & Siever S.121)

3. Es entsteht Kaolinit ($Al_2Si_2O_5(OH)_4$). Kaolinit ist ein weißer bis cremefarbiger Ton; es handelt sich dabei um ein Aluminiumsilikat, das in seiner Struktur Wasser enthält. Kaolinit ist ein wichtiger Rohstoff für die Keramik und Porzellanindustrie

Unter natürlichen Bedingungen läuft die Reaktion ähnlich ab. Es kommt allerdings noch ein Bestandteil hinzu, denn die Reaktion von Feldspat mit destilliertem Wasser ist – wie oben bereits beschrieben - ein sehr langsamer Vorgang. Es würde einige tausend Jahre dauern bis auf solche Weise auch nur ein kleiner Teil des Feldspats verwittert. Unter natürlichen Bedingungen kommt zum Wasser noch die Kohlensäure (H_2CO_3) als Bestandteil, der die Verwitterung des Feldspates beschleunigt. Kohlensäure ist eine schwache und die am häufigsten auf der Erdoberfläche vorkommende Säure. Diese Säure entsteht *„durch Lösung einer geringen Menge von gasförmigem Kohlendioxid (CO2) aus der Atmosphäre im Regenwasser"* (Press & Siever, 1995 S. 121):

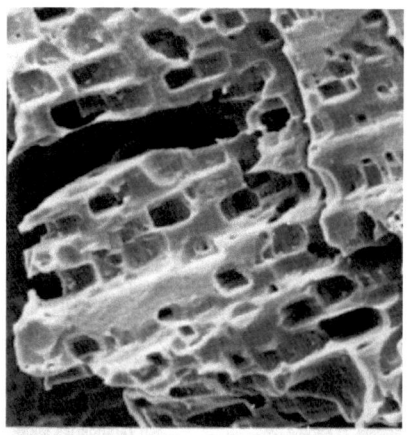

6.2 Eine rasterelektronenmikroskopische Aufnahme eines Feldspats, angeätzt und korrodiert durch chemische Verwitterung im Boden. (R. A. Berner und G. R. Holden jr. „Mechanism of Feldspar Weathering: Some Observational Evidence" *Geology*, Bd. 5, 1977, S. 369.)

Abb. 5 Verwitterung von Feldspat

Kohlendioxid + Wasser → Kohlensäure

$$CO_2 \quad + \quad H_2O \quad → \quad H_2CO_3$$

Obwohl im Regenwasser der Kohlensäuregehalt lediglich 0,0006 Gramm pro Liter beträgt, reicht dies aus, um die Verwitterung der Feldspäte wesentlich zu beschleunigen. Wenn man die Kohlensäure zu der oben beschriebenen Reaktion zwischen Feldspat und Wasser hinzunimmt, ergibt dies:

Feldspat + Kohlensäure + Wasser →
$2KalSi_3O_8 + \quad 2H_2CO_3 \quad + \quad H_2O$

Kaolinit + gelöste Kieselsäure + gelöstes Kalium + gelöstes Hydrogencarbonat
$Al_2Si_2O_5(OH)_4 + \quad 4SiO_2 \quad + \quad 2K^+ \quad + \quad 2HCO_3^-$

Die Reste der Kohlensäure ist das gelöste Hydrogencarbonat. Die Wasserstoffionen der Kohlensäure sind hier mit dem Sauerstoff des Feldspats zu Wasser reagiert, das in der Kaolinitstruktur gebunden bleibt (vgl Abb. 6). Da die Wasserstoffionen verbraucht werden, ist die Lösung weniger sauer. Die gelösten Bestandteile also die Kieselsäure, das Kalium und das Hydrogencarbonat werden vom Wasser abtransportiert. Die festen Bestandteile der chemischen Verwitterung des Tons wird entweder als Sediment weggeführt oder er wird zu einem Bestandteil des Bodens.

3.1.1 Die chemische Verwitterung der anderen Silikate

Auch andere Silikatmineralien wie z.B. Amphiphobol, Pyroxen und Olivin verwittern wie Feldspat zu Tonmaterialien. Die Verwitterung folgt im Grunde demselben Ablauf wie bei der Feldspatverwitterung. Das Silikatmineral reagiert mit Wasser und Kohlensäure, es wird Wasser aufgenommen und in gelöster Form werden Kieselsäure und Kationen wie Natrium, Kalium, Calcium und Magnesium abgegeben. Als feste Bestandteile bleiben Tonmaterialien zurück. Da die Silikate so häufig in der Erdkruste zu finden sind, wie oben beschrieben, *„bilden die Tonmaterialien überall den Hauptbestandteil der Böden und Sedimente."* (Press & Siever, 1995 S. 125)

Nicht alle und nicht immer verwittern Silikate jedoch zu Tonmaterialien. In einem besonders humidem Klima können leicht verwitterbare Silikate wie Olivine und Pyroxene vollständig in Lösung gehen und keine Rückstände hinterlassen. Aber auch Quarz - eines der am langsamsten verwitternden Mineralien - geht ohne Tonmaterialien zu bilden in Lösung.

geringer Anteil von gasförmigem Kohlendioxid (CO_2) in der Luft

löst sich im Regenwasser unter Bildung von Kohlensäure (H_2CO_3)

Ein Teil der Kohlensäure dissoziiert unter Bildung von Wasserstoffionen (H^+) und Hydrogencarbonationen (HCO_3^-), wodurch der Regen sauer reagiert

Das schwach saure Wasser löst die Kaliumionen und die Kieselsäure aus den Feldspäten

...dadurch gehen diese in Kaolinit über; die Wasserstoffionen verbleiben im Wasser der Tonsubstanz

Die gelöste Kieselsäure, die Kaliumionen (K^+) und die Hydrogencarbonationen (HCO_3^-) gelangen in die Flüsse und Böden

6.6 Die Verwitterung des Feldspats ist eine chemische Reaktion des Minerals mit Regenwasser, das Kohlendioxid gelöst enthält. Es entstehen dabei zwei Produkte: Kaolinit und eine Lösung, die gelöste Kieselsäure sowie Kalium- und Hydrogencarbonationen enthält.

Bei weiter voranschreitender Verwitterung können auch die Tonmaterialien noch weiter verwittern, so, dass sie sämtliches Silizium und sämtliche anderen Ionen mit Ausnahme von Aluminium abgegeben; so entsteht Bauxit.

3.2 Die chemische Verwitterung der Eisensilicate

Eisen kommt in reiner Form nur sehr selten in der Natur vor. Die allermeisten Eisenerze bestehen aus Eisenoxidmineralien. Diese sind als Verwitterungsprodukte eisenreicher Silikate wie z.b. Pyroxen und Olivin entstanden. Das freigesetzte Eisen verbindet sich durch chemische Reaktion mit dem Sauerstoff der Atmosphäre, diesen Vorgang nennt man Oxidation. Neben der Hydration ist auch die Oxidation ein sehr wichtiger chemischer Verwitterungsprozess. Solange das Eisen nicht in Kontakt mit Sauerstoff kommt z.B. eingeschlossen in Silikatmineralien wie Pyroxen, liegt es in zweiwertiger Form als Fe^{2+} vor. Die Eisenatome haben also 2 Elektronen von der Gesamtzahl der Elektronen, die sie in ihrem metallischen Zustand hatten, abgegeben und sind als Folge in Eisenionen übergegangen. Im Hämatit (Fe_2O_3), dem häufigsten Eisenoxid an der Erdoberfläche, liegt das Eisen in dreiwertiger Form vor - also in Fe^{3+}. Hier haben die Eisenatome also 3 Elektronen abgegeben. Die Eisenionen oxidieren also durch Abgabe eines weitern Elektrons an den Sauerstoff von Fe2+ zu Fe3+ und die Sauerstoffatome werden zu Sauerstoffionen (O^{2-}). Wenn die Silikatstruktur in der sich Eisen befindet, durch Wasser gelöst wird, gerät das Eisen in Kontakt mit Sauerstoff und oxidiert. Die Verwitterungsreaktion lässt sich mit folgender chemischer Gleichung beschreiben.

Eisenpyroxen + Sauerstoff → Hämatit + gelöste Kieselsäure
$$4FeSiO_3 \quad + \quad O_2 \quad \rightarrow 2Fe_2O_3 + \quad 4SiO_2$$

Alle Eisenoxide an der Oberfläche bestehen demnach aus dreiwertigem Eisen (Fe^{3+}). Weil die Bindung zwischen Sauerstoff und Eisen sehr stark ist, sind die Eisenoxide sehr verwitterungsresistent gegen alle Formen der Verwitterung. Die Böden, in denen sich durch

Oxidation Eisenoxide gebildet haben, sind von einer charakteristischen roten und braunen Farbe des oxidierten Eisens.

Abb. 7 Rotfärbung durch Eisenoxide, USA

3.3 Die chemische Verwitterung von Carbonaten

Zu den schnell verwitterbaren Gesteinen, insbesondere in humiden Gebieten, gehört das Carbonatgestein. Carbonatgestein besteht aus den Calcium- und Magnesiummineralien Calcit und Dolomit. Hauptsächlich unter Einfluss von Wasser und Kohlensäure löst sich der Kalkstein auf, ohne, dass feste Rückstände zurückbleiben. Daher kann es in Kalksteinformationen zu großen Höhlenbildungen augrund unterirdischen Wassers kommen. Aber auch alte, meist stark verwitterte Bauwerke aus Kalkstein belegen die starke Anfälligkeit des Kalksteins. Die chemische Reaktion in Wasser gelöster Kohlensäure für die Lösung von Calcit, das Hauptmineral des Kalksteins ist, lautet:

Calcit + Kohlensäure → Calciumionen + Hydrogencarbonation
$$CaCO_3 + H_2CO_3 \quad → \quad Ca^{2+} \quad + \quad 2HCO_3^-$$

Diese Reaktion kann nur mit Wasser ablaufen, das die Kohlensäure und die gelösten Ionen enthält. Die Calciumionen und die Hydrogencarbonation werden vom Wasser weggeführt.

Diese Reaktion ist im Gegensatz zu den obenbeschriebenen Verwitterungsarten umkehrbar, sobald das Wasserverdunstet. Da die Verwitterung, ohne Rückstände bleibt und *„die Carbonatmineralien schneller und in größeren Mengen in Lösung gehen als alle Silicate, trägt die Verwitterung von Kalksteinen pro Jahr weitaus mehr zur gesamten chemischen Verwitterung auf dem Festland bei, als die aller anderen Gesteine, obwohl Silicatgesteine wesentlich größere Gebiete einnehmen."* (Press and Siever, 1995 S. 127)

Abb. 8 Alabama Joints, USA;

3.4 Die Verwitterung von Mineralsalzen

„Unter den natürlichen Mineralen sind die Chloride der Alkalimetalle NaCl (Steinsalz oder Halit), KCl (Kalisalz, oder Sylvin) besonders leicht löslich." (Ahnert, 1996 S. 106) Daher findet man Mineralsalze, die bei Kontakt mit Wasser ohne Rückstände weggeschwemmt werden, auf der Erdoberfläche nur in extremen Trockenklimaten, wie z.B. auf den Bonneville Salt Flats in Utah, U.S.A. (vgl. Ahnert, 1996 S. 106). Der Lösungsprozess von Mineralsalzen tritt meist in Verbindung mit anderen chemischen Reaktionen auf und ist leicht umkehrbar, wenn die Sättigung des Wassers überschritten ist oder wenn das Wasser verdunstet. Wird der gelöste Stoff, aber vom Wasser weggeschwemmt, so trägt die Lösungsverwitterung zu Abtragung bei. Die Lösung eines Mineralsalzes im Wasser, die Dissoziation, ist die Zerlegung *„der Molekühle in ihre Anionen und Kationen, wobei jedes der Ionen von Wassermolekühlen umgeben wird."* (Ahnert, 1996 S. 106). Dabei wird das Wassermolekühl folgendermaßen aufgespalten:

$$H_2O \longleftrightarrow H^+ + OH^-$$

Die obige Aufspaltung des Wassermoleküls ist eine Gleichgewichtsreaktion, wie die Reaktionsgleichung zeigt, die durch die Dipolnatur des Wassers begünstigt wird. Das Wasser ist, wie Abbildung 9 zeigt, in einen positiven und negativen Teil unterteilt. Diese Anordnung begünstigt die Abspaltung der H+ Ionen und führt zur Lösung der Mineralsalze.

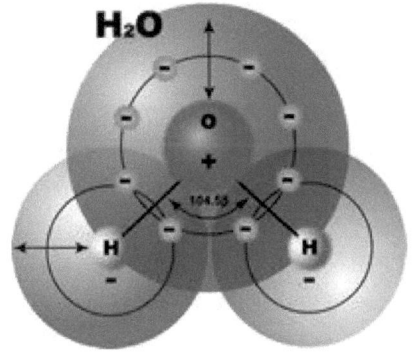

Abb. 9 Struktur eines Wassermoleküls

4 Schlussbetrachtungen

Um zu verstehen wie Landschaftsformen, Böden und bestimmte Verwitterungsprodukte entstanden sind, ist es unerlässlich die Prozesse der chemischen Verwitterung zu kennen und zu verstehen. Auf den ersten Blick erscheint dieses Wissen - wenn auch hilfreich, um mehr über Prozesse auf der Erde zu erfahren - wenig praktisch anwendbar. Aber gerade die Prozesse der chemischen Verwitterung beeinflussen unseren Alltag, wenn es darum geht Denkmäler und Bauwerke vor Verwitterung zu bewahren. Nur wenn man weiß wie, wo und warum die chemische Verwitterung an bestimmten Gesteinen wirkt, kann man Bauwerke effektiv schützen. Eine besonders schädliche Rolle spielt hierbei - vor allem in den hochindustrialisierten Ländern - der so genannte Saure Regen. Dieser entsteht in hochindustrialisierten Gebieten der Erde deshalb, da dort die Luft mit schwefelhaltigen Gasen wie Schwefeldioxid (SO2) verunreinigt ist. Diese Gase werden vor allem von Kohlekraftwerken ausgestoßen. Die schwefelhaltigen Gase reagieren in der Atmosphäre mit Sauerstoff und Regenwasser zu Schwefelsäure. Schwefelsäure „*ist eine weitaus stärkere Säure als die Kohlensäure*" (Press & Siever, 1995 S. 122). Selbst geringe Mengen reichen aus, um Regen in Sauren Regen umzuwandeln, der zum einem erhebliche Schäden am Ökosystem anrichtet (vgl. Press & Siever, 1995 S. 122/123), aber auch im beträchtlichem Maße die Verwitterung von Bauwerken, Metallen, Farben und Gesteinen beschleunigt. Um

Bauwerke vor der Verwitterung zu schützen muss man zuerst einmal feststellen aus welchen Materialien ein Gebäude besteht (vgl. Abb.10 S.17) und welche Stellen besonders Verwitterungsgefährdet sind (siehe Abb.11 S.17). Was auf den ersten Blick banal erscheint, wird besser verständlich, wenn man allein die Tatsache betrachtet, dass z.b. der Kölner Dom aus 8 Gesteinsarten besteht (vgl. Abb.10 S.17), welche entsprechend verschieden verwittern. Die betroffenen Stellen müssen im schlimmsten Falle ersetzt werden oder sie werden chemisch behandelt, um eine weitere Verwitterung zu stoppen. Das Wissen um die chemische Verwitterung dient also nicht nur dem theoretischem Verständnis bestimmter Prozesse auf der Erdoberfläche, es hat auch den ganz ersichtlichen, praktischen Wert, wertvolle Bauwerke, antike Denkmäler und einzigartige Kulturgüter vor den verschiedenen Arten von Verwitterung, insbesondere vor der intensiven Verwitterung durch den sauren Regen zu bewahren und für die Zukunft zu erhalten.

17

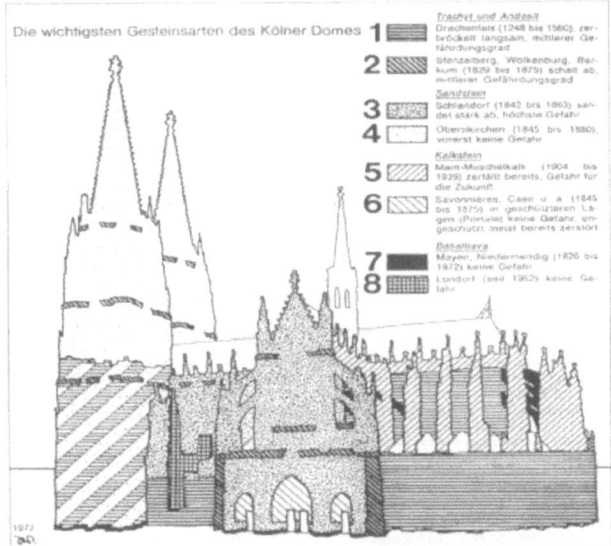

Abb. 10 Die wichtigsten Gesteinsarten des Kölner Doms

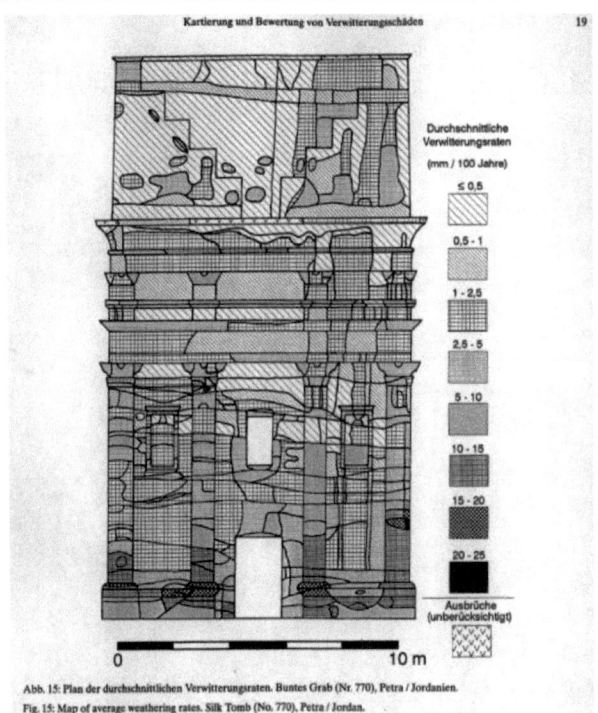

Abb. 11 Plan der durchschnittlichen Verwitterungsraten. Buntes Grab, Petra/Jordanien

5 Abbildungsverzeichnis

- Abb. 1; Devils Marbels in Australien; http://www.pacificislandtravel.com (am 01.05.2005)

- Abb. 2 Verwitterungsstabilität der häufigsten Gesteine; Press & Siever, 1995 S. 128Abb.3 Struktur eines Gerüstsilikats; http://www.mineralienatlas.de (am 01.05.2005)Abb. 4 Verwitterung von Granit; Press & Siever, 1995 S. 120

- Abb. 5 Verwitterung von Feldspat; Press & Siever, 1995 S. 119

- Abb. 6 Verwitterung von Feldspat durch Regenwasser; Press & Siever, 1995 S. 124

- Abb. 7 Rotfärbung durch Eisenoxide, USA; selbsterstelltes Bild

- Abb. 8 Alabama Joints, USA; http://www.calstatela.edu/faculty/acolvil/weathering/alabama_joints.jpg (01.05.2005)

- Abb. 9 Struktur eines Wassermoleküls; http://www.fsec.ucf.edu-hydrogen-images-H2o-200.jpg (01.05.2005)Abb. 10 Die wichtigsten Gesteinsarten des Kölner Doms; Ahnert, 1996 S.90

- Abb. 11 Plan der durchschnittlichen Verwitterungsraten. Buntes Grab, Petra/Jordanien; Zeitschrift der Deutschen Gesellschaft für Geowissenschaften Bd.156, 2005, S. 19

6 Literaturverzeichnis

AHNERT FRANK, 2003: Einführung in die Geomorphologie; UTB, Stuttgart

LOUIS HERBERT, 1979: Allgemeine Geomorphologie, de Gruyter, Berlin.

PRESS FRANK & SIEVER RAYMOND, 1995: Allgemeine Geologie, -eine Einführung -; Spektrum Akad. Verlag Heidelberg

SIEGESMUND SIEGFRIED (Hrsg.) (u.a.), 2005: Zeitschrift der Deutschen Gesellschaft für Geowissenschaften, Band 156 Heft 1